BRIEFVE
INSTRVCTION,
POVR
CONSTRVIRE
LES FORTIFICATIONS
PRATIQVEES AVX PAYS BAS.

Par D. HENRION, *Professeur és Mathematiques*.

A PARIS,

M. DC. XXI.

A

MESSIRE FRANCOIS

DE ROYE DE LA ROCHEFOVCAVLT,

CHEVALIER, COMTE DE ROVCY,

Vidame de Laonnoys, Baron de Montignac, Cha-
rante, Verteuil, Champagne mouton, Gennac, Mar-
ton, Onzain, Chefboutonne, Nizy le Comte, Pierre
pont, Aulnoy, Orimille, Reuil, Pourcy, Courton,
&c.

ONSEIGNEVR,

*Le Canon Manuel de Pitiscus que i'ay
cy deuant mis en lumiere soubs vostre illu-
stre nom, vous ayant esté agreable, & fort
bien receu du public; i'ay estimé que ce petit
traicté de la fortification pratiquée aux pays bas ne vous seroit moins à gré que le precedent, & ne pourroit estre que bien
receu de la Noblesse Françoise, qui à vostre exemple s'adonne
à toutes sortes d'exercices vertueux, si elle trouuoit en son fron-
tispice vostre nom glorieux. C'est pourquoy, Monseigneur, ie
viens ietter ce traicté aux pieds de vos faueurs: Receuez-le,*

s'il vous plaist, pour vn gage & asseuré tesmoignage de l'affe-
ction que i'ay à demeurer toute ma vie,

MONSEIGNEVR,

Vostre tres-humble & tres-
obeïssant seruiteur,

D. HENRION.

BRIEFVE
INSTRVCTION,
POVR CONSTRVIRE LES
FORTIFICATIONS PRATIQVEES
AVX PAYS BAS.

L y a huict on neuf ans que ie mis en lumiere vn petit fommaire de la conftruction & fabrique des forterefles vfitées en France, & fuiuant les preceptes donnez par feu Monfieur Errard, en fon Liure des Fortifications : ce que ie fis lors en intention de mettre puis apres au iour lefdites fortifications, auec plufieurs belles & vtiles annotations, mais ayant fceu que Monfieur Errard, nepueu du deffunct, & Ingenieur du Roy le defiroit faire, ie me deportay de mon entreprife. Depuis, plufieurs de mes amis & difciples amateurs des fortifications vfitées és pays bas, m'ayans prié de faire quelque petit fommaire de la conftruction defdites fortifications, ie leur en aurois dreffé ceft abbregé, lequel i'ay bien voulu ioindre à ces autres traictez, afin que par ce feul Liure on puiffe auoir quelque cognoiffance de toutes les parties de Mathematique, les plus vtiles & neceffaires aux amateurs de cefte diuine fcience.

Or mon deffein n'eft pas à prefent de m'eftendre fur ce

A

ſubject des fortificatiós vſitées & pratiquées aux pays bas,
ains ſeulement de monſtrer icy la ſimple conſtruction d'i-
celles, attendant que le temps nous permettre d'en eſcrire
plus au long.

Premierement donc eſt à noter, que celuy qui voudra
bien entendre & tirer quelque plaiſir ou profict de ce que
nous enſeignreons icy, doit ſçauoir l'Arithmetique ; au
moins iuſques à bien faire toutes regles de trois; ne doit
eſtre du tout ignorant de la Geometrie , de l'vſage du
Compas de proportion , n'y de la doctrine des triangles
rectilignes: Car ſans ces choſes là que nous preſuppoſons
qu'on ſcache deſia, il eſt preſque impoſſible d'entendre
ny bien pratiquer ce que nous dirons cy apres.

En apres, il faut entendre les principaux termes & vo-
cables dont on vſe eſdites fortifications; en l'explication
deſquels termes il n'eſt beſoin de nous arreſter beaucoup,
puiſque ce ſont choſes ſi communes, que tous ceux qui
ſe ſont tant ſoit peu exercé à la milice les entendent;
c'eſt pourquoy nous les marquerons ſeulement icy par
lettres & caracteres, nottez ſur les deux figures ſuiuantes,
afin que chaſques parties de la fortification puiſſent eſtre
incontinant recogneuës par ceux qui les ignorent en-
cores.

ABCDEF.   en la figure ſuiuante s'appelle baſtion, ou
          bouleuart.
BC, OU CD·   pan, ou face du baſtion.
AB, OU ED·   flanc, ou eſpaule.
EI.   courtine.
AF, OU EF.   ligne de gorge, ou prolongement de la cour-
          tine.

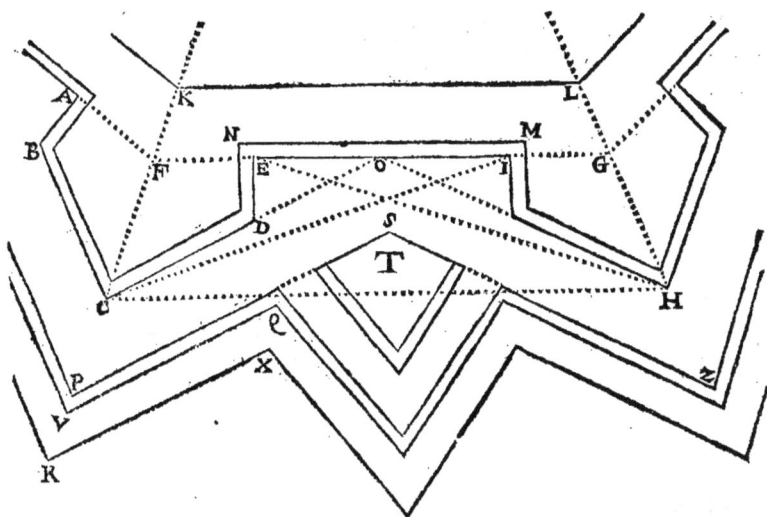

E O.	second flanc.
F G.	costé interieur du poligone, ou courtine prolongée.
C H.	costé exterieur du poligone, ou distance des poinctes de bastions.
C O, ou O H.	ligne de deffence razante.
C I, ou E H.	ligne de deffence fichante.
C F.	ligne capitale.
F L.	rampart.
E M.	son parapet.
B P D.	fossé.
P Q.	corridor, ou chemin couuert.
Q R.	parapet d'iceluy coridor.
T.	rauelin, ou demy lune.
A F E.	angle du poligone.

B C D.	angle flanque.
C O H.	angle flanquant, ou de tenaille.
D O E.	angle flanquant interieur.
C D E.	angle de l'eſpaule.
D C H.	angle diminué.

Or voylà quant aux noms de toutes les parties de la figure Icnographique cy deſſus ; voyons maintenant ceux
de la figure ſuiuante, qu'on appelle ordinairement profile, en laquelle ſe voyent, tant les choſes eſleuées au deſſus du plan, qu'abbaiſſées au deſſoubs d'iceluy.

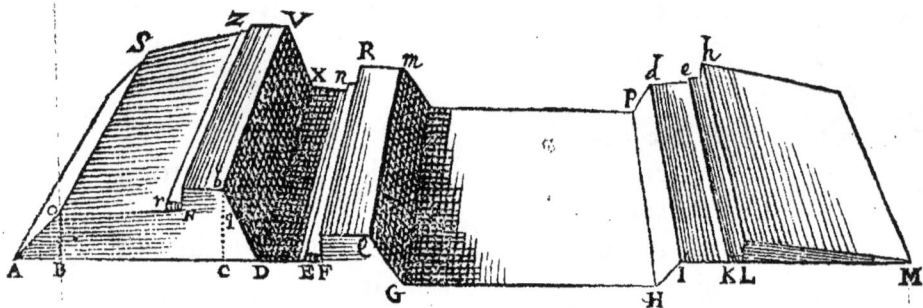

A D X S.	rampart.
A D.	baſe & fondement d'iceluy rampart.
O B.	ſa hauteur.
B A S.	tallu interieur dudit rampart.
A B.	largeur d'iceluy tallu.
C D X V.	tallu exterieur du rampart ; on l'appelle eſcarpe auſſi bien que Q G M.
C D.	largeur d'iceluy tallu.
O Z.	terre plain.

O N.	largeur d'iceluy.
N V.	parapet dudit terre plain.
N *q*.	fa bafe.
b q.	fa hauteur.
Z *r* N.	fa banquette.
X E.	chemin des rondes, ou fauffe braye.
D E.	fa largeur.
n E F.	fa banquette.
R F Q.	fon parapet.
G P.	foffé.
G H.	fa largeur.
P H I.	contrefcarpe.
d 1 k.	chemin couuert.
1 k.	fa largeur.
e k L.	fa banquette.
M L *h*.	parapet d'iceluy chemin couuert.

Eft auffi à noter que iufques à prefent perfonne n'a encore baillé aucunes regles & maximes fur la conftruction d'icelles fortifications qui foient vniuerfellement fuiuies par tous ceux qui pratiquent ou enfeignent lefdites fortifications : Car quelques-vns veulent qu'on donne 1000 pieds au cofté de la figure, 500 à la courtine, 400 au pan du baftion, & 150 à la ligne du flanc : les autres commençant par le pan ou face du baftion, donnent à celuy des grandes figures 400 pieds, des moyennes 350, & des moindres 300 ; puis baillent à la courtine les $\frac{3}{4}$ de la face, & au flanc les $\frac{1}{2}$: Mais d'autres diuifent tout le cofté interieur du poligone en cinq parties égales, defquelles ils en donnent trois à la courtine, deux au pan du baftion, & à la

ligne du flanc ou espaule, les ¼ d'vne d'icelles parties, c'est
à dire vn quart de la courtine : & finablement d'autres
donnent 72 toises à la courtine, 18 au flanc, & 48 au pan
du bastion , qui est presque le mesme que ce qu'ensei-
gne Marolois, lequel veut que la face soit de 24 verges,
c'est à dire 48 toises, & que la courtine soit à icelle face
comme 3 à 2 , & le flanc à la ligne de gorge comme 7
à 6. Or sans nous arrester à ceux-là , nous suiuerons les
mesures & proportions de ceux cy és constructions sui-
uantes, en sorte toutesfois que qui entendra bien ce que
nous en dirons, pourra faire les mesmes constructions selon quelques autres mesures & proportions données : car
il peut arriuer qu'vne place pourra bien estre fortifiée suiuant les maximes des vns, qui toutesfois ne le pourra pas
estre suiuant celles des autres ; c'est pourquoy nous tas -
cherons de rendre nos constructions vniuerselles.

Quant aux angles , il n'y a guere moins de diuersité
qu'aux lignes : car tous sont bien d'accord de faire l'angle
flanqué du quarré (qui est la plus petites de toutes les figures pratiquées esdites fortifications) de 60 degrez , &
par consequent le flanquant de 150 degrez : mais pour
les autres figures, les vns veulent qu'à celles qui n'ont plus
de 8 costez , on prenne les deux tiers de l'angle du poligone, pour l'angle flanqué, afin qu'à l'octogone ledict
angle flanqué vienne à estre droict : D'aucuns desirent
qu'à toutes les figures qui n'ont plus de dix costez , on
prenne seulement les ⅝ dudict angle du poligone , afin
qu'iceluy angle flanqué ne vienne à estre droict qu'au decagone : & les autres adioustent 15 degrez à la moitié de
l'angle du poligone des figures qui n'ont plus de 12 costez,

& ce faifant ledit angle flanqué vient à eftre droict au do-
decagone : Et pour toutes les figures ayans plus de coftez
que celles cy deffus fpecifiées, felon les vns & les autres elles doiuent auoir ledit angle flanqué droict. Pitifcus fuit
la derniere opinion, car il enfeigne que pour auoir l'angle
flanqué de quelque figure, n'ayant plus de 12 coftez il faut
ofter de l'angle du poligone celuy du quarré, fçauoir eft
90 degrez, & que la moitié du refte eftant adioutté a l'angle flanqué dudit quarré, c'eft à dire à 60 degrez, viendra
l'angle flanqué de la figure propofée ; mais qu'icelle moitie eftant fouftraicte de l'angle flanquant d'iceluy quarré,
fçauoir eft de 150 deg. reftera auffi le flanquant de ladicte
figure donnée. Nous fuiurons donc (pour exemple) cefte
derniere opinion, & fuiuant icelle, on trouuera les principaux angles de figure ainfi qu'il enfuit.

Soit premierement diuifé 360 degrez, par le nombre
des coftez de la figure propofée, & viendra au quotient
l'angle du centre d'icelle figure, qui ofté de 180 degrez
reftera l'angle du poligone, dont foit pris la moitie, à laquelle adiouftez 15 degrez, & viendra l'angle flanqué, (fi
la figure à moins de 12 coftez : car nous auons dit, qu'aux
figures d'audeffus, ledict angle eft toufiours droict) &
fouftrayant l'angle flanqué de l'angle du poligone, reftera
le double de l'angle diminué, où de l'angle flanquant interieur ; car ces deux angles font toufiours egaux entre-
eux : & iceluy refté eftant ofté de 180 degrez reftera l'angle flanquant : finablement fi on adioufte 90 degrez à l'angle flanquant interieur, viendra l'angle de l'épaule.

Exemple : Qu'il falloit trouuer les angles du pentagone : ie diuife donc 360 deg. par 5 nombre des coftez, &

viennent 72 au quotient, & autant est l'angle du centre
dudit pentagone : En apres i'oste iceluy nombre 72 de
180 degrez, & restent 108 degrez, pour la valeur de l'angle
du poligone, dont ie prends la moitie, & est 54 degrez, à
quoy i'adiouste 15 degrez, & viennent 69 degrez pour
l'angle flanqué dudit pentagone ; & soustrayant iceluy
nombre 69 des 108 degrez de l'angle du poligone, restent
39 pour le double de l'angle diminué, qui partant est 19½
aussi bien que l'angle flanqué interieur ; mais soustrayant
de 180 deg. lesdicts 39 resteront 141 degrez pour l'angle
flanquant, & adioustant lesdits 19½ à 90, viennent 109 degrez & demy, pour l'angle de l'épaule. Et en ceste maniere on trouuera tous les principaux angles de quelcon-
ques autres figures, dont ceux des neuf premiers seront
tels que tu vois en la table suiuante.

	Quarré	Pentagone	Hexagone	Heptagone	Octogone	Enneagone	Decagone	Endecagone	Dodecagone
ang. du centre.	90	72	60	$51\frac{3}{7}$	45	40	36	$32\frac{8}{11}$	30
ang. du polig.	90	108	120	$128\frac{4}{7}$	135	140	144	$147\frac{3}{11}$	150
ang. flanqué.	60	69	75	$79\frac{2}{7}$	$82\frac{1}{2}$	85	87	$88\frac{7}{11}$	90
ang. flanquant.	150	141	135	$130\frac{5}{7}$	$127\frac{1}{2}$	125	123	$121\frac{4}{11}$	120
ang. de l'épaule.	105	$109\frac{1}{2}$	$112\frac{1}{2}$	$114\frac{9}{14}$	$116\frac{1}{4}$	$117\frac{1}{2}$	$118\frac{1}{2}$	$119\frac{7}{22}$	120
ang. diminué.	15	$19\frac{1}{2}$	$22\frac{1}{2}$	$24\frac{9}{14}$	$26\frac{1}{4}$	$27\frac{1}{2}$	$28\frac{1}{2}$	$29\frac{7}{11}$	30

Est encore à remarquer qu'on iuge de la bonté ou foi-
blesse

bleſſe d'vne fortification ſelon qu'elle approche des maximes ſuiuantes.

1. Que l'angle flanqué ne ſoit moins de 60 degrez, ny
plus grand que 90 degrez.

2. Que tant plus l'angle flanquant eſt ſerré, tant meilleur
il eſt ; c'eſt à dire qu'eſtant de 140 degrez il eſt meilleur que
de 150, qui eſt le pire de tous, & iceluy de 140 degrez n'eſt
pas ſi bon que celuy de 130, &c.

3. Que la plus grande ligne de deffence fichante ne doit
guere exceder 120 toiſes, ſinon aux lieux contrainɔts où
elle peut eſtre iuſques à 250 toiſes, & alors les parties flan-
quées, ou pans des baſtions ne pourront eſtre deffendus
qu'auec le canon.

4. Que tant plus il ſe prend de deffence en la courtine,
tant meilleur il eſt : c'eſt à dire que le ſecond flanc eſtant
de 15 toiſes, il vaut mieux qu'vn de 12, & celuy cy eſt meilleur que celuy qui n'aura que 10 toiſes, &c.

5. Que tant plus la gorge du baſtion eſt grande, & auſſi
l'eſpaule tant mieux eſt.

6. Qu'en tout front il y ait deux eſpaules, chacune deſquelles ne ſoit moins de 15 toiſes, & tellement poſée, que la
gorge ne ſoit moins que le double d'icelle eſpaule.

Toutes ces choſes premiſes & entendues, venons à la
conſtruction deſdites fortifications.

Eſtans données la valleur & quantité de la courtine, de la face,
& du flanc d'vne fortification de tel poligone qu'on
voudra ; conſtruire icelle fortification.

Soit pour exemple propoſé à conſtruire vne fortifi-

B

cation pentagonalle, dont la courtine soit 72 toises, la face
48, & l'espaule 18.

Premierement soit tirée vne ligne droicte interminée
AB, enuiron le milieu de laquelle soient posées 72 parties
de telle eschelle qu'on voudra, (nous prendrons pour eschelle en toutes les figures de ce traicté, la ligne droicte
du Compas de proportion) comme est icy CD, qui sera

la courtine; puis à chasque poinct C & D, soit tirée vne
perpendiculaire CE, DF, contenant chacune 18 des mesmes parties, qui est vn quart de la courtine CD : En apres,
sur l'vne d'icelles perpendiculaires, qui sont les flancs, comme au poinct E soit fait vn angle égal au suplémét de l'angle diminué de la figure, selon laquelle on veut construire

la fortification, comme icy où est proposé vn pentagone,
soit faict l'angle CEG de 70 degrez & demy (à cause que
l'angle diminué d'icelle figure est 19 degrez & demy) tirant la ligne E G iusques à ce quelle rencontre la courtine
C D en G, & de l'autre part si grande qu'on y puisse poser
48 parties de l'eschelle, comme est icy E H: puis sur icelle D C soit prise CK égale à D G, & du poinct K par F soit
tirée F K L égale à G H: En apres sur les lignes GH & K L,
soient descrits aux poincts H & L les angles GHM, KLM,
chacun égal à la moitié de l'angle flanqué de la figure
proposée, qui sera en cest exemple de 34 degrez & demy,
(au lieu de ces deux angles on pourroit construire sur HL
les deux LHM, HLM, chacun égal à la moitié de l'angle
du poligone) & tirant les lignes d'iceux angles iusques à ce
qu'elles se rencontrent au poinct M; iceluy poinct sera le
centre de la figure, duquel & de l'interualle MA, ou MB,
soit descrit vn cercle, en la circonference, duquel soient
marquées des espaces égales à A B, le nombre desquelles
espaces doit estre precisément autant que demonstre le
le nombre des costez du poligone proposé, autrement il
y a erreur en la construction faite. En apres, par les poincts
ainsi marquez en ladicte circonference soient menées
des lignes droictes du centre M, qui soient egales à MH,
comme est icy M N, & aussi tiré les costez interieurs du
poligone, comme est A O, sur les bouts & extremitez de
chacun desquels costez soient marquez des distances égales à A C, & d'autres égales à A G, afin qu'ayant tiré des lignes droictes occultes de chasque extremité N à ces der-
niers poincts, on ait les lignes de deffence de chasque bou-
leuert, sur lesquelles on marquera des distances egales au

pan HE; & puis ayant tiré les flancs ou espaules, ainsi que
la chose le requiert, la construction proposée sera para-
cheuée.

   La construction de la figure estant ainsi faite, il y
faut apposer les degrez & valeur de tous les angles, &
puis apres trouer la quantité de toutes les lignes; &
pour ce faire soit tirée la ligne droicte HL, & prolongé les

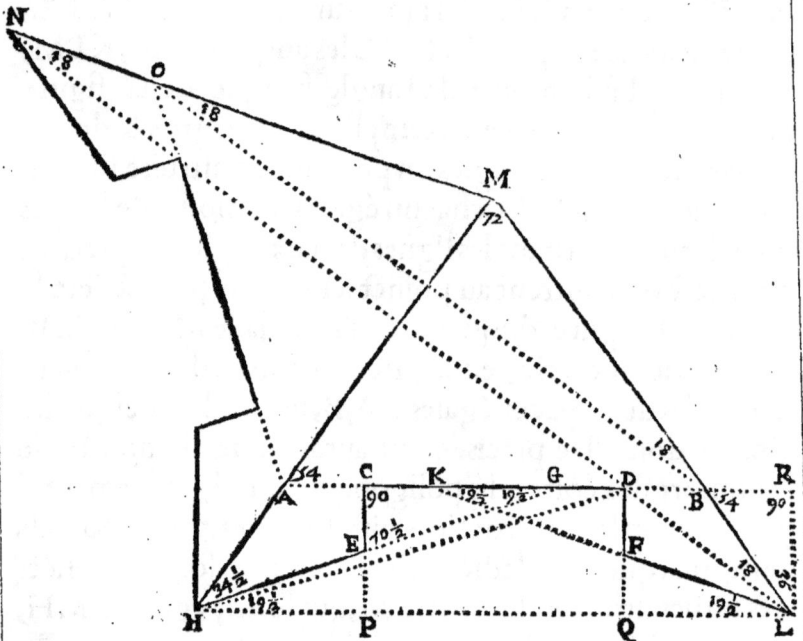

flancs CE, DF iusques à icelle HL: En apres soit posé 72
degrez à l'angle du centre M; 34½ à l'angle AHE, ou BLF;
19½ à chacun des angles, tant diminuez, que flanqu ans interieurs; 54 à l'angle MAC, & partant HAC, ou L B D sera
de 126 degrez.

   Ces angles estans ainsi trouuez & posez, le triangle

rectangle C E G a les angles cogneus auec le cofté C E, iceluy ayant efté pofé de 18 toifes ; partant les deux autres coftez C G, & E G feront trouuez comme il eft enfeigné en la 3. ou 5. propofition de nos triangles rectilignes, fçauoir C G d'enuiron 50 $\frac{1}{6}$ toifes, qu'il faut fouftraire de toute la courtine C D , & refteront 21 $\frac{1}{6}$ toifes pour le fecond flanc G D , ou C K : & E G prefque de 54 toifes, qu'il faut adioufter au pan E H, & viendront 102 toifes pour toute la ligne de deffence razante H G.

Le triangle rectangle E P H eft équiangle au precedent, & a le cofté H E de 48 toifes, & partant les deux autres feront trouuez par l'analogie des triangles équiangles, ou bien par les fufdites propofitions de nos triangles rectilignes ; fçauoir E P peu plus de 16 toifes, qu'il faut adioufter à C E, & viendront 34 toifes pour C P : & H P prefque 45 $\frac{1}{4}$, qu'il faut doubler , & viendront 90 $\frac{1}{2}$, qui adiouttez à la courtine, donneront 162 toifes & demy pour le cofté exterieur du poligone H L.

Le triangle rectangle H D Q a donc maintenant les deux coftez H Q, D Q cogneus, & partant l'autre cofté H D fera trouué, comme il eft enfeigné à la quatriefme propofition de nofdits triangles ; iceluy cofté A D , qui eft ligne de deffence fichante, fera donc enuiron 122 toifes $\frac{1}{11}$.

Maintenant foient tirées les lignes droictes N L, O B, & prolongé le cofté A B indeterminément ; puis fur ce prolongement foit tirée la perpendiculaire L R, qui fera egale à Q D ; tellement que le triangle rectangle K R L aura les angles cogneus, & les deux coftez K L, L R, &

partant l'autre coſté K R ſera trouué par les ſuſdites propoſitions d'enuiron 96 $\frac{1}{6}$ toiſes.

Le triangle rectangle B R L a auſſi les angles cogneus
auec le meſme coſté L R ; & partant les deux autres coſtez
ſeront trouuez par les ſuſdites propoſitions ; ſçauoir *B* L
preſque 42 toiſes $\frac{1}{27}$, & B R enuiron 24 toiſes $\frac{7}{10}$, qui oſtez
de K R, reſteront 71 $\frac{7}{15}$ pour K B, dont eſtant oſté K D,
reſteront encore 20 toiſes $\frac{19}{30}$ pour la ligne de gorge D B,
ou C A ; & partant toute la courtine prolongée A B ſera
113 $\frac{4}{15}$.

Le triangle iſoſcelle H M L a pareillement les angles
cogneus auec vn coſté H L, & partant on trouuera par
la ſuſdite ſixieſme propoſition que chacun des deux autres coſtez MH, ML ſera enuiron 138 toiſes $\frac{1}{13}$, & ſi on en
oſte BL, reſteront preſque 96 $\frac{1}{26}$ pour chacun des coſtez
M A, M B.

Finablement les deux triangles iſoſcelles équiangles
N M L, & O M B ont les angles cogneus auec les coſtez,
& partant par la ſuſdite 6. propoſition les baſes ſeröt trouuées, ſçauoir M L preſque 262 $\frac{2}{3}$, & *B* O peu plus de 182
toiſes $\frac{2}{3}$.

Or voylà la valeur & quantité de toutes les lignes de la
fortification pentagonale propoſée à conſtruire : Et en la
meſme maniere ſeront conſtruites toutes autres fortifications, dont la courtine, le pan, & le flanc ſeront donnez ;
& en ſuitte trouué les angles, & la quantité des lignes : la
ſupputation deſquelles lignes nous auons faict pour les 9
premieres figures, & rapportées icy pour le ſoulagement
du Lecteur, qui nottera qu'en ces ſupputations nous ne
nous ſommes voulu arreſter ſur les grandes fractions, les

eſtimant plus tedieuſes, qu'vtiles en ceſt endroict.

Table de la meſure & quantité des principales lignes des neuf
premieres figures regulieres fortifiées ſelon la propoſition cy
deſſus ; c'eſt à dire auſquelles la courtine eſt poſee de 72
toiſes, la face de 48, & le flanc de 18.

	Quarré	Pentagone	Hexagone	Heptagone	Octogone	Enneagone	Decagone	Dodecagone	Endecagone
ligne capitalle	43	$42\frac{1}{27}$	42	$42\frac{1}{5}$	$42\frac{4}{9}$	$42\frac{3}{4}$	43	$43\frac{1}{4}$	$43\frac{11}{23}$
ligne de gorge	$15\frac{11}{12}$	$20\frac{19}{30}$	$23\frac{1}{3}$	$25\frac{1}{3}$	$26\frac{4}{5}$	28	$28\frac{7}{8}$	$29\frac{7}{10}$	$30\frac{1}{3}$
ſecond flanc	$4\frac{19}{23}$	$21\frac{1}{6}$	$28\frac{8}{15}$	$32\frac{3}{4}$	$35\frac{1}{2}$	$37\frac{5}{12}$	$28\frac{5}{6}$	$39\frac{18}{19}$	$40\frac{5}{6}$
deff.razante	$117\frac{6}{11}$	102	95	$91\frac{1}{6}$	$88\frac{2}{3}$	87	$85\frac{3}{4}$	$84\frac{3}{4}$	84
deff.fichante	$122\frac{2}{9}$	$122\frac{1}{12}$	$121\frac{5}{6}$	$121\frac{1}{3}$	$121\frac{1}{30}$	$121\frac{1}{2}$	$121\frac{1}{4}$	$121\frac{1}{6}$	$121\frac{1}{3}$
flanc prolongé	$30\frac{3}{7}$	34	$30\frac{4}{11}$	38	$40\frac{3}{13}$	$40\frac{1}{6}$	$40\frac{9}{10}$	$41\frac{1}{2}$	42
courtine prolongée	$103\frac{5}{6}$	$113\frac{4}{15}$	$118\frac{2}{3}$	$122\frac{2}{3}$	$125\frac{1}{3}$	128	$129\frac{3}{4}$	$131\frac{1}{5}$	$132\frac{2}{3}$
coſté ext. du polig.	$164\frac{8}{11}$	$162\frac{1}{2}$	$160\frac{1}{3}$	$159\frac{1}{4}$	$158\frac{1}{10}$	$157\frac{1}{6}$	$156\frac{24}{11}$	$155\frac{7}{10}$	$155\frac{1}{7}$
ſon diametre	$233\frac{1}{11}$	$276\frac{1}{13}$	$321\frac{1}{3}$	367	$413\frac{1}{37}$	$459\frac{3}{4}$	506	$552\frac{2}{3}$	$599\frac{2}{5}$
dia. de la court.prol.	$147\frac{1}{11}$	$192\frac{1}{13}$	$237\frac{1}{3}$	$282\frac{1}{3}$	$328\frac{1}{4}$	$374\frac{1}{4}$	420	$466\frac{4}{9}$	$512\frac{2}{7}$
ſub. de 2.coſtez ext.		$262\frac{1}{3}$	$277\frac{7}{10}$	$287\frac{1}{9}$	$292\frac{1}{8}$	$295\frac{1}{2}$	$297\frac{2}{5}$	$298\frac{3}{4}$	$299\frac{7}{10}$
ſub. de 2.coſtez int.		$182\frac{2}{3}$	205	221	$232\frac{1}{9}$	$240\frac{5}{9}$	$246\frac{7}{8}$	$252\frac{1}{11}$	$256\frac{2}{7}$
ſub. de 3.coſtez ext.				$357\frac{4}{11}$	$381\frac{3}{4}$	$393\frac{1}{6}$	$409\frac{1}{11}$	$417\frac{1}{4}$	424
ſub. de 3.coſtez int.				$275\frac{1}{4}$	$303\frac{1}{4}$	$321\frac{1}{9}$	$339\frac{4}{5}$	$352\frac{8}{13}$	$362\frac{2}{7}$
ſub. de 4.coſtez ext.						$452\frac{3}{4}$	$481\frac{1}{4}$	$502\frac{2}{3}$	$519\frac{1}{10}$
ſub. de 4. coſtez int.						$368\frac{5}{9}$	$399\frac{4}{9}$	$424\frac{1}{4}$	$443\frac{9}{10}$
ſub. de 5. coſtez ext.								$547\frac{1}{18}$	579
ſub. de 5.coſtez int.								$461\frac{1}{3}$	$494\frac{2}{3}$

Or d'autant que ie n'eſtime pas qu'on ſe doiue touſ-
lours arreſter à ces meſures proposées, mais biens qu'on les
peut quelquefois poſer moindres, ſelon que les lieux le re-
quierent, eſt à noter toutesfois qu'il n'eſt pas à propos de
poſer la courtine moins de 60 toiſes (ſi ce n'eſt en de pe-
tits forts de campagne), & par conſequent la face 40 toiſes, & le flanc 15 ; ſelon laquelle poſition les autres lignes
ſeroient vn ſixieſme moinsqu'elles ne ſont dans la table
precedente. Et auparauant que de parler de l'vſage de
ces ſupputations, i'eſtime qu'il ne ſera inutile d'enſeigner
icy à

Conſtruire lesdites fortifications ſelon la methode baillée par *Marolois*.

Premierement, ſi la face eſt donnée (pour exemple) de 48

toiſes, & la courtine de 64 ; ſoit menée vne ligne droicte
interminée A B, & ſur l'extremité d'icelle ſoit fait vn angle
egal à l'angle diminué de la figure qu'on voudra faire,

{com-

(comme eſt icy l'angle B A C que nous faiſons de 22 degrez & demy, à cauſe que nous voulons conſtruire vn hexagone) puis de la ligne interminée A C ſoit retranchée
la partie A D contenant les ſuſdites 48 toiſes proposées :
puis ayant mené du poinct D la ligne interminée F D G
perpendiculairement à A B, ſoit pris ſur icelle A B la partie F H egale à la courtine proposée, c'eſt à dire de 64 toiſes, & H B egale à A F : En apres du poinct H ſoit eſleuée
la perpendiculaire interminée H I, ſur laquelle ſoit priſe
H K egale à F D, & ayant mené la ligne interminée B K L,
ſoient faicts ſur A B les deux angles B A E, A B M, chacun egal à la moitié de l'angle du poligone : puis ſur DG
ſoit faict en toute figure l'angle G D N de 50 degrez, tirant la ligne D N iuſques à ce quelle rencontre A E en N,
qui ſera le centre du baſtion ; & ayant faict B O egale à
A N ſoit tiré N O, qui couppera les deux perpendiculaires
F G & H I és poincts G & I. Quoy faict nous aurons vne
face de la figure proposée fortifiée, & partant il ſera aiſé
d'acheuer toute la figure entiere.

Quant à la meſure & valeur, tant des angles, que des lignes, il faut premieremét poſer les angles, tout ainſi qu'en
la conſtruction precedente ; puis auec A D, qui eſt ja cogneuë, cognoiſtre D F, & A F, par le moyen de laquelle
A F & de la courtine on cognoiſtra la toute A B : puis auec
la meſme A D, on cognoiſtra auſſi la capitalle A N ; & puis
par le moyen de ces lignes ja cogneues, il ſera aiſé de cognoiſtre toutes les autres.

Que s'il n'y auoit que la face cogneuë, auec la raiſon d'i-
celle à la courtine ; Marolois veut qu'ayant pris la face A D
ſelon les parties données, pour trouuer la courtine on po-

C

se sur AC & A B la raison donnée, comme est icy A P &

AQ ; puis que de P, & de l'interualle A Q, & de Q, mais
de l'interualle A P, on descriue deux arcs s'entrecouppans
en R, & ayant mené la ligne interminée A R, on meine du
poinct D vne ligne parallele à AB, qui aille coupper A R
en K, duquel poinct on meine vne ligne k B qui fasse auec
AB l'angle A B K égal à l'angle diminué B A D : Mais quant
à moy ie ne voudrois que trouuer F H, à laquelle la face
A D ait la raison donnée, & puis paracheuer comme dict
est cy dessus.

Que si le costé exterieur du poligone A B estoit donné,
auec la raison de la face à la courtine, il faudroit sur les
extremitez d'icelle A B faire les deux angles B A C, A B L,
chacun égal à l'angle diminué de la figure proposée, puis
mener la ligne AR selon la raison donnée, ainsi qu'il est
dict cy dessus, & icelle AR couppant BL en k, determine-
ra la face du bastion Bk, & par consequent il sera aisé d'a-
cheuer la construction.

Pour le regard de la valeur des angles ils sont tousiours
selon la premiere table, sinon qu'on les specifia autremét;

mais pour trouuer la mesure & quantité des lignes, soit
premierement consideré que si on pose la face A D comme sinus total, A F sera sinus de l'angle A D F, & par consequent 92388, & son égale B H autant : & supposant que
ladite face A D soit à la courtine G I ou F H, comme 2 à 3,
icelle F H au regard du sinus total A D sera 150000 : &
partant la toute A B sera 334776 : Mais elle a aussi esté donnée, pour exemple de 160 toises : disons donc par regles de
trois,

Si 334776 reuiennēt à 160 toises, à combien reuiendrõt 100000?

Et la regle faicte viendront peu plus de 47 toises trois
quarts pour la face A D, & par consequent la courtine sera
71 toises $\frac{5}{8}$.

Pour les autres lignes, elles seronr aisément trouuées,
c'est pourquoy nous passerons outre.

Mais si le costé interieur du poligone estoit donné auec
la raison de la courtine à la face, & aussi l'angle faict au
centre du bastion par iceluy costé, & la lignee menée dudit centre à l'extremité de l'espaule, il faudroit proceder
ainsi qu'il ensuit.

Soit donné A B, costé interieur d'vn pentagone, dont
la courtine est à la face, comme 16 à 13, & l'angle faict au
centre du bastion par iceluy costé, & la ligne menée à l'extremité du flanc soit de 37 degrez : pour construire telle
fortification, soit faict sur ledict costé A B les angles B A C
& A B C, chacun egal à la moitié de l'angle du poligone,
tirant les lignes C A, C B indeterminément vers D & E : puis
soient faicts les deux angles A B D, B A E, chacun egal
à l'angle diminué de la figure proposée, tirant les lignes

B D, A E iusques à ce qu'elles rancontrent les semidiametres prolongez C A, C B en D & E : puis ayant tiré D E, soit mis

sur icelle le terme majeur de la raison donnée, & sur D B le moindre terme, afin de pouuoir tirer la ligne diagonalle D F, qui rencontrant A E, la couppe en F, duquel poinct ayant mené C F, soit faict l'angle A B 4 de l'angle donné, c'est à dire de 37 degrez, tirant la ligne B 4, iusques à ce qu'elle rencontre C F en 4, duquel poinct soit mené 4 O parallele à A E, qui sera la face du bastion ; & ayant mené 4 Q perpendiculaire à A B, il sera aisé d'acheuer la construction.

    La mesme construction se peut encore faire ainsi : Au lieu que cy dessus, nous auons faict les angles diminuez, & proportionné la face à la courtine au dessoubs

de A B , faiſons les meſmes choſes au deſſus de ladite
A B , tellement que nous ayons les frons A G , B H , puis
ayant tiré le flanc G I indeterminément perpendiculaire
à A B , ſoit faict l'angle I G L egale au ſupplément de
l'angle propoſé, c'eſt à dire de 53 degrez, afin d'auoir le
coſté interieur L M : Ce faict, ſoit trouué la meſure &
quantité des lignes d'icelle fortification au reſpect de A B,
qui eſt ſon coſté exterieur,& cogneu par l'hypoteſe. Puis
on dira par regle de proportion, ſi L M donne L A, que
donnera A B, & viendra A N : & procedant ainſi auec les
autres lignes on trouuera leurs proportionnelles : partant
ſera aiſé de conſtruire toute la figure ſoit par le moyen
des angles, ou des lignes cogneuës.

Que ſi au lieu de l'angle donné cy deſſus eſtoit propoſée la raiſon du flanc à la ligne de gorge,comme pour
exemple,qu'il fallut ſur le coſté interieur A B conſtruire
la fortification d'vn pentagone,dont la courtine ſoit à la
face,comme 16 à 13, & la ligne de gorge au flanc, comme 4 à 3 : Il faudroit proceder tout ainſi que deſſus, iuſques à tirer la ligne C F : Quoy fait,ſoit poſé B R moitié
de A B, & ſur le poinct R ſoit eſleuée la perpendiculaire
R S indeterminément, ſur laquelle ſoit poſé le terme de
la raiſon homologue & correſpondant au flanc,au reſpect
de B R,terme homologue à la ligne de gorge, c'eſt à dire que puiſque la raiſon donnée de la ligne de gorge au
flanc eſt comme de 4 à 3, il faut poſer ſur R S trois parties, dont B R en contient 4 : puis tirer la ligne B S, laquelle couppant C F au poinct 4, iceluy ſera l'extremité du flanc 4 Q, & du pan 4 O ; & partant ſera facile d'a-
cheuer la conſtruction.

Et si on vouloit proportionner, tant la courtine que
le flanc a la ligne de gorge : Il faudroit premierement
tirer C A & C B indeterminément, comme dict est cy deuant, puis ayant couppé A B en deux egalement en R, soit
couppé B R au poinct Q ; en sorte que R Q soit à Q B,
comme la moitié du plus grand terme de la raison de la
courtine au flanc, sera au moindre terme ; puis ayant tiré
Q 4 perpendiculaire à A B, & indeterminément, soit fait
que la ligne de gorge B Q soit au flanc Q 4 selon la raison donnée ; puis ayant mené par le poinct 4 la ligne
V 4 O, qui fasse l'angle Q 4 V egal au supplément de
l'angle diminué, il sera aisé d'acheuer la construction.

Finablement si la courtine, & la face estoient donnez
auec la raison du flanc à la ligne de gorge ; il faudroit ti-

rer vne ligne indeterminée N O, & fur icelle faire l'angle
O N 5 egal à l'angle diminué de la figure proposée ; puis
ayant posé fur N 5 la face donnée, du poinct 5 foit tiré la
perpendiculaire indeterminée 5 Z T ; en apres foit pris
Z F egale à la courtine donné, & F O egale à N Z ; tellement que N O fera le cofté exterieur du poligone, par le
moyen duquel foit trouué le centre C, & tiré l'autre face
O 4 : Soit puis apres menée la ligne 54, qui fera egale à
la courtine, & parallele à Z F, & ayant faict qu'icelle ligne 54 foit à la ligne 5 T felon la raifon donnée de la ligne de gorge au flanc, foit tirée la ligne T 4, & prolongée iufques à ce qu'elle rencontre le femidiametre C O
en B, qui fera le centre du baftion : parquoy il fera aifé
d'acheuer la conftruction requife.

Or voylà diuerfes conftructions qui fe pratiquent fans
auoir efgard à aucunes fupputations precedentes ; mais
nous en mettrons icy d'autres, efquelles il eft befoin d'a-
uoir en main la table des mefures & quantitez des lignes
mifes en la page 15, tellement que chacun pourra fuiure
celle defdites conftructions qui luy agrera plus, ou qu'il
iugera eftre plus conuenable à fon deffein.

Eftant donné le cofté exterieur d'vn poligone, conftruire les deux baftions d'iceluy.

Puis qu'il appert tant par la table fufdite ; que par ce que
nous auons dit en fuitte d'icelle, qu'à fin que toutes les
parties de la fortification foient bien proportionnées, &
correfpondent aux regles & maximes d'vne bonne fortification ; le cofté exterieur des poligones mentionnés

en ladicte table ne doit estre moindre que 130 toises ny
plus grand que 165 : Il faut bien prendre garde ne poser ia-
mais ledit costé hors de ces deux nombres si ce n'est qu'on
y soit contraint, ou par la situation des lieux, ou pour
s'acommoder à quelques ouurages dés-ja faicts.

Soit donc proposé la ligne droicte AB de 150 toises,
sur laquelle on veut construire deux demy bastions d'vn
pentagone. Aux extremitez d'icelle AB soient descris les
deux angles BAC, ABC, chacun egal à la moitié de l'an-

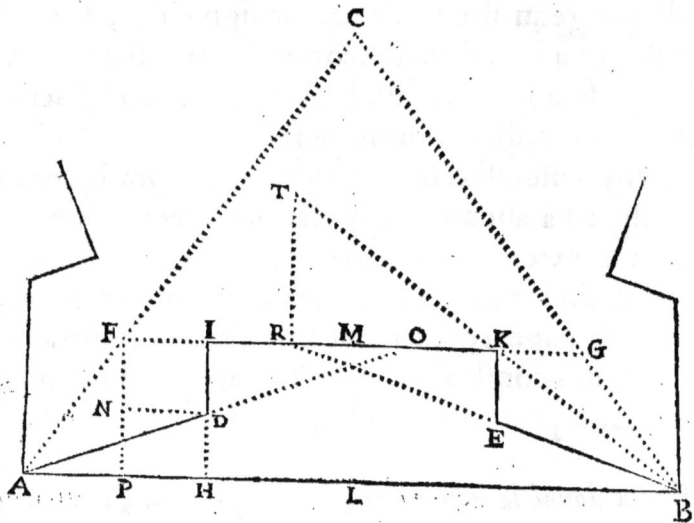

gle du poligone, sçauoir est de 54 degrez à fin de former
le triangle du poligone ACB : puis aux mesmes extremitez soient aussi faits les deux angles BAD, ABE, chacun egal
à l'angle diminué, tirant les lignes AD, BE indeterminément : & pour trouuer la mesure & grandeur d'icelle, fai-
ctes vne regle de trois au premier terme de laquelle, met-
tez

tez le cofté exterieur du poligone propofé trouué dans la table, au fecond 48 toifes, & au troifiefme le cofté AB donné; & la regle faicte vous aurez la valeur de la face requife : fuiuant ce, nous dirons donc icy,

Si 162 ½ donnent 48, que donneront 150?

Et viendront pour le quatriefme nombre proportion-nel 44$\frac{4}{13}$, qui eft pour la grandeur de la face, & adiou-tant à ce nombre fa moictie, viendront 66$\frac{6}{13}$, pour la me-fure & quantité de la courtine : mais prenant le quart de ce dernier nombre, nous aurons 16$\frac{8}{13}$, pour la valleur du flanc. Prenons donc AD & BE chacune de 44$\frac{4}{13}$ fur l'ef-chelle, où compas de proportion au refpect de AB 150: puis du poinct D, foit tirée vne perpendiculaire fur ledit AB, laquelle foit côtinuée iufques en I, de forte que le flanc DI foit de la mefure trouuée, & ayant auffi mené l'autre flanc Ek, foit tirée la courtine Ik : quoy faict, fer ont ache-uez les deux demy baftions requis, lefquels il fera aifé de faire entier s'il eft befoin.

Or fi quelqu'vn ne voulant auoir entierement egard aux angles & lignes contenues és tables precedentes, don-noit auec ledit cofté exterieur la raifon d'iceluy à l'inte-rieur, & à l'vne ou l'autre de ces trois lignes, la courtine, la face, ou le flanc : on demande comme il faudroit con-ftruire fur ledit cofté deux baftions où ces raifons foient obferuées auec plus de conformitez aux maximes d'vne bonne fortification que faire fe pourra.

Premierement il faut aller à la table de la mefure des lignes, & voir aux coftez des poligones contenus en icelle table quelle figure a fes coftez, en raifon la plus appro-

chante de la donnée; & ceſte figure trouuée, ſoit deſcrit
ſur ledit coſté donné A B, le triangle du poligone choiſy
A C B; puis ſoit couppé l'vn des coſtez d'iceluy triangle,
comme au poinct F, en ſorte que A C ſoit à C F ſelon

la raiſon donnée du coſté exterieur à l'interieur: & ayant
pris CG egale à CF, & tiré la ligne droicte FG, icelle ſera
le coſté interieur, qui aura telle raiſon à l'exterieur que la
donnée.

En apres, ſi la raiſon dudit coſté exterieur à la courtine
eſt donnée, ſoit couppé en deux egalement tant le coſté
exterieur que l'interieur, és poincts L, M; puis ſoit faict
que la moitié AL ait telle raiſon à MI ou MK, que celle
donnée: & ſur les poincts I & k, ſoient eſleuées les perpendiculaires ID, & KE, chacune deſquelles ſoit vn quart de
la courtine Ik, (ou bien quelque peu plus ou moins, ſe-

lon qu'il feroit neceffaire pour fauuer quelque partie effentielle de la fortification,) & ayant tiré les faces AD, &
BE, feront conftruis les deux demy baftions requis.

Mais fi ceftoit la raifon du cofté à la face qui fut donnée; ayant defcrit fur AB les angles diminuez *BAD, ABE,*
foit faict que *AB* ait telle raifon à chacune des faces
AD, BE que la donnée : & ayant tiré perpendiculairement les flancs DI, & Ek, fera acheuée la conftruction, finon qu'on recogneut que quelque partie effentielle de la
fortification, fe peut meliorer par l'augmentation ou di-
minuation de l'angle flanqué.

Finablement, fi la raifon au flanc eft la donnée; ayant
defcris les fufdits angles diminuez *BAD, ABE,* foit tirée
indeterminement FN, & fait que *AB* foit à icelle FN en
la raifon donnée : puis du poinct N, foit menée ND parallele à *AB* iufques a ce qu'elle rencontre *AD* en *D,* &
BE en E, defquels poincts foient menez les flancs DI &
Ek, fi on recognoit que par l'augmentation ou diminution de l'angle flanqué, ne fe puiffe ameliorer la fortification : car c'eft vne maxime que quant on voit qu'vne fortification def-ja traffée, fe peut ameliorer par le change-
ment de quelque angle où lignes, fans toutesfois ruiner les
conditions requifes; qu'il faut delaiffer ce qu'on a def-ja
faict, & traffer ce que de nouueau on a conceu pour l'ac-
compliffement de l'œuure : c'eft pourquoy en telles oc-
currances, il ne faut tirer que des lignes blanches & occultes, pour fur icelles raifonner & examiner fi ce qu'on aura
faict peut fubfifter, & ne receuoir aucune amelioration
par l'accroiffement ou diminution de quelques angles ou
lignes; & l'examen faict on marque d'ancre, ce qu'on a

trouué deuoir demeurer.

Or tout ainsi que nous auons icy comparé le costé exterieur à l'interieur, & à la courtine, au flanc, & à la face
du bastion, ainsi aussi le pourroit-on encore comparer a
d'autre lignes, mais nous delaissons cela iusques à vne autres fois; aussi sont-ce choses plus curieuses qu'vtiles, &
plus propre a trasser sur le papier qu'a mettre en practi-
que sur la terre : il est toutesfois vray que telles questions
seruent grandement à façonner l'esprit, & ouurent quelquesfois le chemin à des choses fort vtiles, esquelles on
n'eust pensé auparauant telles exercitations; & c'est pourquoy nous rapportons tousiours quelques vnes de ces
questions, à fin de donner entrée à d'autres.

Estant donnée vne ligne droicte, pour seruir de courtine prolongée
en vne fortification ; construire sur icelle deux bastions
qui luy soient connenables.

Afin que la fortification construite sur telle ligne donnée ne combatte les maximes attribuees aux bonnes fortifications, il faut qu'icelle ligne ne soit moindre que 87 toises ny plus grande que 133.

Soit donc la ligne FG de 100 toises proposée à fortifier
& seruir de courtine prolongée : Trouuant a propos de
faire sur icelle deux demy bastions d'vn pentagone, nous
ferons les angles GFC, FGC, chacun egal à la moitie de
l'angle du poligone, c'est à sçauoir de 54 degrez, tirant
les lignes indeterminement vers *A* & *B* : Ce faict, soit posé au premier terme d'vne regle de trois, la courtine prolongée contenue en la table des mesures, & correspon-

dante à la figure choisie, au second terme la ligne capita-

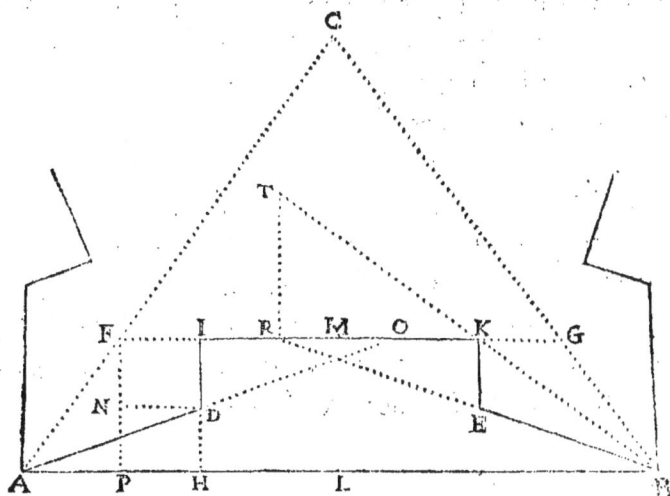

le d'icelle figure, & au troisiesme la ligne donnée; & viendra au quatriesme terme proportionnel, la valeur de la
ligne capitale des bastions à construire. Nous dirons
donc icy,

Si 113 $\frac{4}{15}$ *donnent* 42 $\frac{1}{27}$ *combien donneront* 100 ?

Et la regle faicte, viennent presque 37 toises $\frac{2}{9}$ pour la
ligne capitale: parquoy nous prendrons BA & GB d'autant: puis nous ferons les angles FAD, & GBE, chacun egal
à la moitie de l'angle flanqué de la figure choisie, qui sera
icy de 34 deg. $\frac{1}{2}$: ce faict, posez au premier terme d'vne
regle de trois le susdict nombre 113 $\frac{1}{15}$, au second 48, &
au troisiesme ladicte ligne donnée 100: & la regle faicte,
viendront peu plus de 42 $\frac{1}{8}$ pour la face, tellement qu'il

faut prendre chasque face AD, BE d'icelle grandeur, puis tirer perpendiculairement les flancs DI & EK, & par ainsi seront construis sur FG les deux bastions proposez, dont la courtine Ik sera 63 toises $\frac{9}{16}$, & le flanc 15 toises $\frac{57}{64}$.

On pourroit encore faire la mesme construction ainsi : ayant descrit le triangle F C G, & couppé en deux egalement ladite ligne donnée FG au poinct M, soit mis au premier terme d'vne regle de proportion le susdit nombre 113$\frac{+}{15}$, au second 72 toises, & au troisiesme ladite ligne donnée 100 : & la regle faicte, on aura presque 63$\frac{+}{7}$ pour la courtine, dont moitié soit mise de part & d'autre de M ; afin d'auoir icelle courtine I K ; & ayant tiré aux poincts I & K les perpendiculaires indeterminées I D, & K E, chacune d'icelles soit faicte de la grandeur d'vn quart de ladite courtine ; mais des poincts D & E, soient prises D A, & E B chacune egalle aux deux tiers d'icelle courtine, qui aillent rencontrer C F & C G prolongées en A & B : & par ainsi nous aurons derechef les deux demy bastions requis.

Or si quelqu'vn vouloit qu'icelle ligne donnée F G fut à la distance des poinctes des bastions selon vne raison donnée, il faudroit premierement aller à la table de la mesure des lignes, voir quelle figure a ses costez en la raison donnée, ou plus prochaine : puis descrire sur ladite ligne le triangle du poligone choisy F C G ; & apres soit prolongé le costé C F iusques en A, en sorte que C F soit à C A en la raison donnée, & ayant pris G B egale à F A, soient descrits les deux angles F A D, G B E chacun egal à la moitié de l'angle flanqué du poligone choisy, ou quelque peu plus grand ou moindre, selon qu'on trouuera eſtre à propos pour auoir le flanc & la gorge de grandeur competante, en apres ſoient pris les deux faces *AD* , & *BE* chacune de 40 à 48 toiſes , puis tiré les flancs ID & E*K*.

Eſt icy à notter que qui voudroit ſuiure ceux qui veulent en leur conſtruction diuiſer le coſté interieur du poligone en cinq parties , & en donnent trois à la courtine, i'eſtime qu'il ſeroit aſſés à propos qu'iceluy coſté fut poſé aux trois premieres figures ſeulement de 100 toi-ſes, & és autres de 120 a 130 : car ce faiſant la fortification s'accorderoit aſſés bien aux maximes d'vne bonne forti-fication , & pour en faire la conſtruction il faudroit com-me dit eſt cy deſſus faire les angles GFC, & FGC, chacun de la moitié de l'angle du poligone , puis ayant prins FI & G*k*, chacun la cinquieſme partie de la toute FG, ſoient eſleuez perpendiculairement ſur icelle FG les flancs ID, *k*E, chacun vn quart de la courtine I*k* ; & ayant faict l'an-gle IDO egal au ſupplément de l'angle diminué, il ſera aiſé d'acheuer la conſtruction.

Eſtant donnée vne ligne droicte , conſtruire deux baſtions ,
en ſorte qu'icelle ligne donnée ſerue de ligne de def-
fence razante à l'vn d'iceux.

Afin que la fortification ainſi conſtruicte ne contrarie aux regles & maximes d'vne bonne fortification , il faut qu'icelle ligne ne ſoit moindre que 70 toiſes ny plus gran-de que 118.

Soit donc la ligne droicte AO de 94 toiſes: & il faut conſtruire deux demy baſtions de quelconque figure re-

guliere, en sorte qu'icelle ligne soit la deffence razante de
l'vn d'iceux. Trouuant à propos de construire en cest endroit deux demy bastions d'vn pentagone, nous ferons
sur icelle ligne l'angle OAB egal à l'angle diminué de la
figure choisie, tirant indeterminément la ligne AB : puis
sur icelle AB, & au poinct A l'angle BAC egal à la moitié
de l'angle du poligone, tirant AC indeterminément : en
apres ayant tiré de O la ligne FG indeterminement & parallele à *AB*, soit faict vne regle de trois, au premier terme
de laquelle soit mis la mesure & quantité de la ligne de
deffence razante de la figure chosie, au second 48 toises,
& au troisiesme la ligne donnée ; & la regle faicte on aura
la face du bastion. Nous dirons donc en cest exemple,

Si 102 donnent 48, que donneront 94 ?

Et viendront $44\frac{2}{17}$, que nous prendrons sur le compas ou eschelle, & porterons sur ladite ligne donnée pour
auoir la face AD : en apres du poinct D nous tirerons per-
péndiculairement sur FO le flanc DI, & prendrons la
courtine Ik de 66 toises $\frac{6}{17}$, & KG egal à IF : puis au poinct
G soit fait l'angle FGC egal à l'angle BAF, tirant le ligne
GC iusques à ce qu'elle rencontre les lignes AC & AB :
Quoy fait il sera aisé de tirer BE & Ek, afin d'acheuer les
deux demy bastions requis.

   Or qui voudroit construire les bastions en sorte que le
flanc fut à son prolongement selon vne raison donnée, il
faudroit tirer la perpendiculaire FP, puis la coupper au
poinct N en la raison donnée, & tirer ND parallele à AB
iusques à ce qu'elle rencontre la ligne donnée AO en D,
lequel terminera le pan du bastion AD, & par consequent

il

il fera aifé d'acheuer la conftruction requife.

Que fi la ligne de deffence BR eftant donnée, on vouloit que la face du baftion fut au flanc felon vne raifon
donnée, il faudroit fur G R efleuer vne perpendiculaire

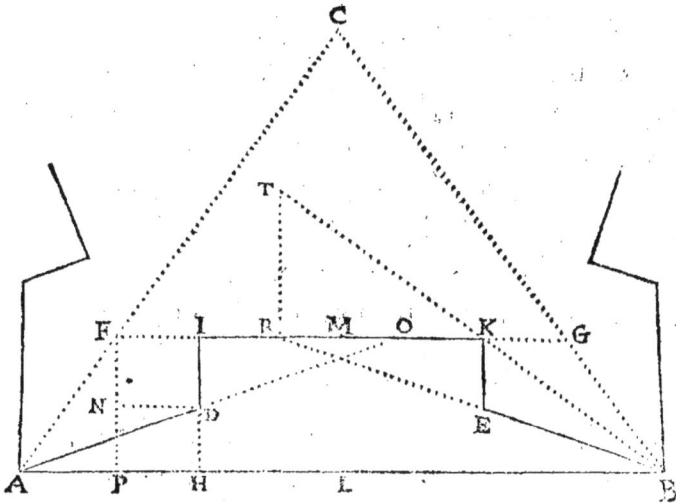

interminée R T, puis faire que BR foit à RT felon la raifon
de la face au flanc, & tirant puis apres la ligne BT, où elle couppera RG, fçauoir au poinct k, fera l'extremité de
la courtine, d'où eftant tiré perpendiculairement le flanc
kE, il fera au pan BE felon la raifon donnée.

Or nous ne nous arrefterons d'auantage fur ces petites
lignes, mais viendrons à auffi enfeigner quelque chofe
touchant les grandes lignes, fur lefquelles outre deux demy baftions conftruis à leurs extremitez on en peut ad-
uancer encore vn, ou deux, ou trois, &c. dans le milieu,
& le tout enfemble faifant les ; parties d'vn pentagone, ou

E

bien les $\frac{1}{6}$ ou les $\frac{5}{6}$ parties d'vn hexagone, ou bien les $\frac{2}{7}, \frac{3}{7}, \frac{4}{7}$, &c. de l'heptagone, & ainsi consecutiuement des autres poligones : & pour cest effect nous seruira la table suiuante.

$194\frac{8}{11}$	$\frac{1}{4}$							
$218\frac{8}{9}$	m	$\frac{2}{5}$						
$231\frac{5}{11}$	m	m	$\frac{2}{6}$					
$233\frac{1}{11}$	m	m	m					
$240\frac{18}{17}$	m	m	$\frac{2}{7}$					
$243\frac{7}{11}$	m	m	m	$\frac{2}{8}$				
$246\frac{1}{4}$	m	m	m	m	$\frac{2}{9}$			
$247\frac{5}{6}$	m	m	m	m	m	$\frac{2}{10}$		
$248\frac{13}{2}$	m	m	m	m	m	m	$\frac{2}{11}$	
$249\frac{3}{4}$	m	m	m	m	m	m	m	$\frac{2}{12}$
$262\frac{2}{3}$	m	m	m	m	m	m	m	m
$267\frac{7}{9}$	$\frac{3}{6}$	m	m	m	m	m	m	m
$277\frac{7}{10}$	m		m	m	m	m	m	m
$287\frac{1}{9}$	m		m	m	m	m	m	m
$292\frac{1}{8}$	m			m	m	m	m	m
$295\frac{1}{2}$	m				m	m	m	m
$297\frac{2}{5}$	m					m	m	m
$297\frac{9}{11}$	m	$\frac{3}{7}$					m	m
$298\frac{3}{4}\,7$	m	m					m	m
$299\frac{7}{10}$	m	m						m
$318\frac{1}{8}$	m	m	$\frac{3}{8}$					
$321\frac{1}{3}$	m	m	m					
$327\frac{23}{16}$		m	m	$\frac{2}{9}$				

340 1/12	m	m	m	1/16			
344 4/8	4/8	m	m	m	m		
348 1/8	m	m	m	m	m	3/11	
353 1/3	m	m	m	m	m	m	2/13
357 4/11	m	m	m	m	m	m	
377 5/14	m	4/9	m	m	m	m	m
381 1/4	m	m	m	m	m	m	m
393 1/6	m	m		m	m	m	m
401 1/24	m	m	4/10		m	m	m
409 2/11	m	m	m		m	m	m
413 3/7	m	m	m		m	m	
417 3/4	m	m		m	m		
418 8/9		m	m	4/11		m	
421 2/3	5/10	m	m	m		m	
424	m	m	m	m		m	
432 7/12	m	m	m	m	4/13		
452 3/4	m	m	m	m	m		
455 8/9	m	5/11	m	m	m		
481 1/4	m	m	m	m	m		
482 1/3	m	m	5/13	m	m		
499 1/3	m	m	m	m	m	4/11	
502 2/3	m	m	m	m	m	m	
506	m	m	m		m	m	
519 1/10		m	m		m	m	
547 1/16	m	m		m			
579		m		m			
599 2/5				m			

Or il appert aſſez par les choſes cy deſſus, qu'eſtant propoſé à fortifier quelque portion de place ; ſi la ligne droicte tirée depuis l'vne des extremitez du circuit d'icelle
portion iuſques à l'autre extremité, eſtoit de 194 toiſes
$\frac{8}{11}$ à 233 $\frac{1}{11}$, on pourroit conſtruire ſur icelle ligne deux
baſtions d'vn quarré : & ſi ladite longueur eſtoit de 218
$\frac{8}{9}$ à 262 $\frac{2}{3}$, on y pourroit faire deux ou trois baſtions d'vn
pentagone ; ſi depuis 231 $\frac{5}{11}$ iuſques à 277 $\frac{7}{10}$, deux ou quatre baſtions d'vn hexagone ; & ainſi conſequemment des
autres nombres & poligones ſpecifiez en la ſuſdite table :
tellement que ſur vne meſme longueur on peut diuerſe-
ment fortifier, ſoit en conſtruiſant des baſtions plus ou
moins, ou bien choiſiſſant vne figure pluſtoſt que l'autre,
afin d'enclorre plus ou moins d'eſpace, c'eſt pourquoy
nous auons diſpoſé ceſte table, en ſorte qu'on y pourra
voir tout en vn inſtant, en combien de forme ſe peut
changer vne fortification ſur la longueur propoſée, deſquelles on pourra prendre celle qui viendra le plus à propos : Ainſi eſtant propoſé à fortifier quelque eſpace, dont
la ligne droicte ſubtendante du circuit d'icelle fut trouuée
de 295 toiſes & demy, ie viendrois à chercher iceluy nombre au coſté de la table, & l'y ayant trouué, ie verrois dans
ladite table vis à vis d'iceluy nombre 195 $\frac{1}{2}$, cinq m, qui ſi-
gnifient que ſur ceſte ligne on peut faire les meſmes fortifications que celles cottées au deſſus d'icelles m, c'eſt à
ſçauoir trois baſtions d'vn hexagone, ou deux & ſept d'vn
enneagone, ou deux & huict d'vn decagone, ou deux &
neuf de l'endecagone, ou bien deux & dix du dodecago-
ne : tellement que de toutes ces diuerſes fortifications ie
pourray choiſir celle qui conuiendra le mieux à la ſitua-

tion & circuit du lieu à fortifier. Que si le nombre proposé ne se trouue au costé de la table, il faudra au lieu d'i-
celuy auoir esgard au moindre : comme pour exemple, si
le nombre estoit 345 toises, voyant qu'iceluy nombre n'est
contenu en la susdite table, ie m'arresterois au moindre,
c'est à sçauoir 344 $\frac{4}{7}$, sur lequel ie voy se pouuoir faire
trois, quatre & cinq bastions de l'octogone ; trois & quatre de l'heptagone ; trois & six de l'enneagone ; ou trois &
sept du decagone. Ayát donc choisy la fortification qu'on
estime estre la plus conuenable au lieu proposé, on la
construira ainsi qu'il ensuit.

Estant donnée vne ligne droicte ponr subtendante de tant
de costez exterieurs qu'on voudra de quelque poligo-
ne ; descrire sur icelle ligne la fortification
dont elle est capable.

Soit donnée la ligne droicte A B de 250 toises, sur la-

quelle on a trouué par la table precedente se pouuoir

changer la fortification en diuerses manieres, mais d'icelles on a choisy deux bastions d'vn pentagone, pour lesquels construire, soit premierement trouué le cêtre C, afin
de descrire la portion du poligone proposé, ainsi qu'il est
enseigné à la 20. proposition de l'vsage du Compas de
proportion; & ayant tiré le costé A D, soit construit sur
iceluy comme nous auons enseigné en la page 24, c'est à
dire qu'aux deux extremitez d'iceluy, soient descrits les

deux angles D A E & A D F, chacun egal à l'angle diminué de la figure choisie, qui sera icy de 19 degrez & demy; puis trouué la mesure de la face du bastion, posant
au premier terme d'vne regle de trois, le premier ou le dernier nombre de la ligne, sur laquelle on peut faire la fortification proposée; au second terme, la face correspon-
dante au nombre pris, c'est à dire 60 toises si on prend le
premier nombre, mais 72 si on prend le dernier; & au
troisiesme terme le nombre de la ligne proposée: Nous
dirons donc icy,

Si 262 ½ donnent 48, combien donneront 250?

Et faifant la regle nous trouuerons peu plus de 45 toifes $\frac{1}{2}$ pour la face du baftion, & partant la courtine fera
68 toifes & demy, & le flanc 17 $\frac{1}{2}$. Parquoy nous prendrons chacun des pans du baftion A E, D F de 45 $\frac{1}{2}$, puis
des poincts E & F, nous efleuerons perpendiculairement
fur A D, les flancs EH, FI, que nous ferons chacun de 17 $\frac{1}{2}$,
& ayant tiré la courtine H I, il fera aifé d'acheuer toute la
fortification propofée, ainfi qu'il appert en la figure.

Soit derechef la ligne droicte A B de 270 toifes, fur laquelle on trouue fe pouuoir faire diuerfes fortifications,
mais trouuant à propos d'y faire deux baftions d'vn hexagone, pour les conftruire, foit premierement trouué le
centre C, & defcrit vn tiers de l'hexagone : puis aux deux
extremitez du cofté A D, foient defcris les deux angles
D A E, A D F, chacun de 22 degrez $\frac{1}{2}$: En apres foit trouuée la mefure de la face du baftion, difant,

Si 277 $\frac{7}{10}$ *donnent* 48, *combien donneront* 270 ?

Et la regle faite, viendront prefque 46 toifes $\frac{1}{3}$ pour la
face du baftion, & par confequent la courtine fera peu
moins de 69 toifes & demy, & le flanc 17 $\frac{1}{8}$. Parquoy foient
pris chacun des pans A E, D F de 46 $\frac{1}{3}$, puis ayant efleué
perpendiculairement fur A D les flancs EH, F I, chacun de
17 $\frac{1}{8}$, foit acheué comme dict eft cy deffus.

Or voylà quant aux grandes lignes qui conioignent
deux ou d'auantage de coftez exterieurs ; & pour le regard de celles qui conioignent les coftez interieurs, nous
feruira la table fuiuante.

$122\frac{2}{3}$	$\frac{2}{4}$							
$147\frac{1}{11}$	m							
$152\frac{2}{9}$	$\frac{2}{5}$							
$170\frac{5}{6}$	m	$\frac{2}{6}$						
$182\frac{2}{3}$	m	m						
$184\frac{1}{6}$		m	$\frac{2}{7}$					
$193\frac{13}{54}$		m	m	$\frac{2}{8}$				
$197\frac{7}{9}$	$\frac{3}{6}$	m	m	m				
$200\frac{10}{17}$	m	m	m	m	$\frac{2}{9}$			
205	m	m	m	m	m			
$205\frac{1}{4}$	m		m	m	m	$\frac{2}{10}$		
$210\frac{1}{33}$	m		m	m	m	m	$\frac{2}{11}$	
$213\frac{7}{4}$	m		m	m	m	m	m	$\frac{2}{12}$
221	m		m	m	m	m	m	
$229\frac{3}{8}$	m	$\frac{3}{7}$		m	m	m	m	m
$232\frac{1}{9}$	m	m		m	m	m	m	
$237\frac{1}{3}$	m	m		m	m	m	m	
$240\frac{5}{9}$		m		m	m	m	m	
$246\frac{7}{8}$		m			m	m	m	
$252\frac{2}{11}$		m			m	m		
$252\frac{17}{24}$		m	$\frac{3}{8}$		m			
$256\frac{2}{7}$		m	m		m			
$270\frac{1}{11}$		m	m	$\frac{3}{9}$				
$273\frac{13}{14}$	$\frac{4}{8}$	m	m	m				
$275\frac{1}{4}$	m	m	m	m				
$283\frac{1}{6}$	m		m	m	$\frac{3}{10}$			

$293\frac{11}{13}$	m			m	m	m	$\frac{3}{13}$
$302\frac{3}{41}$	m		m	m	m	m	$\frac{3}{12}$
$303\frac{1}{4}+\frac{1}{1}$	m		m	m	m	m	m
$307\frac{7}{8}$	m	$\frac{4}{9}$		m	m	m	m
$324\frac{2}{9}$	m	m		m	m	m	m
$328\frac{1}{4}$	m	m			m	m	m
$332\frac{8}{9}$		m	$\frac{4}{10}$		m	m	m
$339\frac{4}{7}$		m	m		m	m	
350	$\frac{5}{10}$	m	m		m	m	
$352\frac{8}{13}$	m	m	m		m	m	
$353\frac{11}{24}$	m	m	m	$\frac{4}{11}$		m	
$362\frac{2}{7}$	m	m	m	m		m	
$368\frac{5}{9}$	m	m	m	m			
$370\frac{1}{3}$	m		m	m	$\frac{4}{11}$		
$385\frac{11}{18}$	m	$\frac{5}{11}$	m	m	m		
$399\frac{4}{9}$	m	m		m	m		
$412\frac{2}{7}$	m	m	$\frac{5}{12}$	m	m		
420	m	m	m	m	m		
$424\frac{1}{4}$		m	m	m	m		
$427\frac{1}{7}$	$\frac{6}{6}$	m	m		m		
$443\frac{9}{10}$	m	m	m		m		
$461\frac{2}{3}$	m	m	m				
$494\frac{2}{3}$	m		m				
$512\frac{4}{7}$	m						

Il appert assés par ce que nous auons dit sur la table precedente à celle-cy, à quoy peuuent seruir ces deux tables:
car ce qui est dit de l'vne se peut aussi entendre de l'autre,
n'y ayant autre difference entr'elles sinon qu'en celle-là,
sont contenues les mesures & grandeurs des lignes subtendantes les costez exterieurs des 9 premieres figures fortifiées selon les regles & preceptes baillez cy-deuant, & ceste-cy contient les mesures des subtendantes des costez
interieurs d'icelles figures : & comme par celle-là on vient
à cognoistre de combien de bastions peut estre capable
vne ligne droicte donnée pour subtendante de costez exterieurs, aussi par ceste-cy on voit de combien de bastions
ladicte ligne seroit capable la prenant pour subtendante
de costez interieurs : ce qu'estant recogneu on construira
lesdits bastions ainsi qu'il ensuit.

Estant donnée vne ligne droicte pour subtendante de tant de costez
interieurs qu'on voudra de quelque poligone : descrire
sur icelle ligne la fortification dont
elle est capable.

Soit proposée la ligne droicte AB de 190 toises, sur laquelle on veut construire deux bastions d'vn Hexagone,
lesquels on trouue par la table precedente se pouuoir faire
sur icelle. Soit premierement trouué le centre C, & d'i-
celuy descrit l'arc de cercle ADB, & tiré indeterminément les trois semidiamettres d'iceluy cercle : puis apres
ayant tiré le costé interieur de l'hexagone AD, soit construit sur iceluy ainsi qu'il a esté enseigné cy deuant : &
pour le plus facile soit couppé en deux egalement iceluy

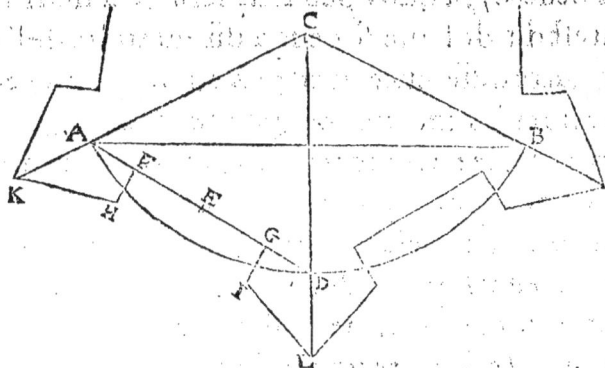

costé AD en E, puis trouué la mesure & grandeur que doit auoir la courtine, & ce en disant,

Si 205 donnent 72, que donneront 190?

Et faisant la regle viendront peu plus de 66 toises trois quarts pour la grandeur de ladite courtine, & par conse-quent le flanc sera 16$\frac{11}{16}$, & la face 44$\frac{1}{2}$. Soit donc pris EF, & EG, chacun de 33 toises $\frac{3}{8}$; puis les flancs perpendiculai-res FH & GI, chacun de 16$\frac{11}{16}$; & les faces Hk & IL, cha-cune de 44$\frac{1}{2}$, & par ainsi seront construis deux demy ba-stions, qui donnent facilement les autres ainsi qu'il appert en la figure.

Or voila quant aux lignes droictes considerées comme subtendantes de quelque circuit; mais si ledit circuit a for-tifier estoit mesme ligne droicte, & qu'il fallut seulement y construire des bastions, ausquels elle seruit de courtine, il faudroit tellement proportionner la distance d'vn ba-stion a autre que le tout fut en deffence, & dans les maxi-mes d'vne bonne fortification; ce qui sera aisé, les choses

F ij

ſes cy-deuant dictes eſtans bien entendues, c'eſt pourquoy
nous ne nous arreſterõs a en bailler d'autres preceptes, ſeulement dirons nous, que ſi on prend la diſtance du centre
d'vn baſtion a autre, comme A B de 138 toiſes, la ligne capitale A C de 50, la ligne de gorge A D de 29 toiſes, & le

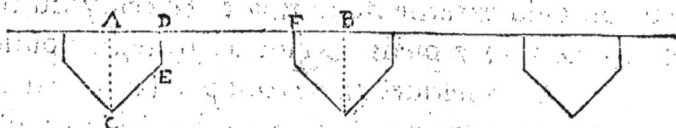

flanc D E de 20, la face du baſtion ſera ſeulement 41 toiſes
& preſque trois quarts; mais l'angle flanqué ſera quaſi 88
degrez 4 minuttes, & la ligne de deffence fichante preſque 119 toiſes $\frac{11}{12}$, ainſi qu'on verra en procedant auſdites
ſupputations ſuiuant les regles & preceptes de l'art.

Du profile.

Iuſques icy nous auons declaré tout ce que i'ay eſti-
mé deuoir eſtre bien entendu pour pouuoir conſtruire &
deſlinéer les principales & eſſentielles parties de quelconque fortification, & maintenant nons dirons auſſi quelque choſe du rampart, du foſſé, du corridor, & autres petites parties neceſſaires à vne fortification bien accom-
plie. Eſt donc à noter qu'à toute la baſe du rampart on
doit donner enuiron 15 toiſes, afin qu'ayant pris 15 pieds
pour le tallu interne, & 9 pour celuy de deuers le foſſé, il
reſte encore 11 toiſes pour la largeur du terre plain, auec
ſon parapet, auquel terre plain on doit bailler enuiron 15
pieds de haut, & 6 à ſon parapet, qui doit eſtre d'enuiron

trois toifes & demy de large , compris quelque petit tallu, qu'il doit auffi auoir tant d'vn cofté que d'autre ; mais
deuant ce parapet il y doit auoir vne banquette de quelque trois pieds de large, & vn pied & demy de haut : puis
pour empefcher que la terre qui pourroit tomber du terre
plain ne rempliffe le foffé, on doit laiffer entre le pied de
l'efcarpe, ou tallu externe du rampart , & celuy du foffé
vne efpace de 6 ou 7 pieds. Quant au foffé, les opinions
font diuerfes : car quelques vns le font plus large au droict
de la poincte du baftion que vis à vis des flancs ; & d'autres au cótraire, veulent qu'il foit bien plus eftroict en ceft
endroit qu'en celuy là : mais ordinairement il eft auffi large en vn endroit qu'en l'autre , c'eft à dire que la contréf-
carpe eft parallele à la face du baftion , ayant iceluy foffé
de 15 à 20 toifes de largeur, & enuiron 2 de profondeur ; le
tout felon que la neceffité, & le fonds du terroüer le permet : Car quelquesfois pour auoir la terre neceffaire au
rampart & autres ouurages efleués au deffus du plan de
la campagne on eft contraint de faire ledit foffé plus large qu'il ne feroit de befoin : & quant on peut prendre ladicte largeur à difcretion , on faict fupputation de ce qu'il
faut de terre tant pour le rampart, les parapets , que glaffis de dehors, afin que felon la quantité trouuée on puiffe
prendre ledit foffé de telle largeur, que de la terre qui s'en
tirera on puiffe faire precifément tous lefdits ouurages.
A iceluy foffé on donne ordinairemét autant de tallu que
de profondeur : au dela du foffé on faict le corridor où
chemin couuert, ayant quelque 20 ou 24 pieds de large,
& vn parapet de 6 pieds de haut, auec fa banquette : Et
finalement, on faict vn glaffis qui s'eftend vers la campa-

gne enuiron 8 ou 10 toifes, le tout comme il appert au
profile fuiuant, qui fe faict ainfi qu'il enfuit.

Premierement, foit menée vne ligne occulte AB fi lon-
gue qu'il fera de befoin, fur laquelle foit prife la partie AC
de 15 toifes felon quelque efchelle que ce foit ; puis CD de
6 pieds, & DE de 20 toifes ; puis EF de 20 pieds, & FB de

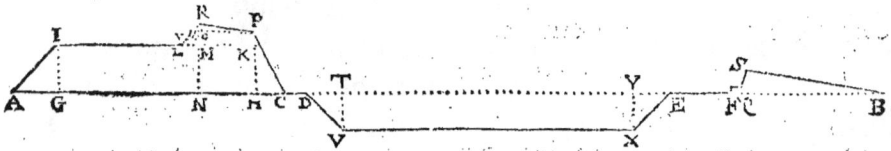

8 toifes : En apres foient prifes AG de 15 pieds, & CH de
9, pour les pantes ou tallus du rampart ; & aux poincts G
& H, foient efleuées les perpendiculaires GI, HK chacune
de 15 pieds, & mené AI, IK ; de laquelle IK foit pris IL de
7 toifes, pour la largeur du terre plain, & LM de trois pieds
pour la largeur de la banquette du parapet d'iceluy terre
plain, laquelle on fera d'vn pied & demy de haut : mais
ayant pris GN egale à IM, foit tirée MR, en forte que MR
foit de 6 pieds pour la hauteur du parapet : foit auffi tirée
HKP, tellement que kP foit de 4 ou 5 pieds, afin que le
haut du parapet aille penchant vers la campagne, & ayant
tiré CP, PR, RI, en forte qu'il ne refte que deux pieds par
le haut de la banquette *i v.* on aura tout le profile du rampart. En apres ayant pris DT & EY, chacun de 12 pieds,
des poincts T & Y, foient abbaiffées les perpendiculaires
TV & YX, chacune de 12 pieds ; puis foient tirées DV,
VX & XE, qui formeront le foffé, lequel aura 16 toifes de
largeur par le bas, & 20 par le haut : finalement ayant pris

FQ de trois pieds, & esleué la perpendiculaire QS de 6 pieds pour la hauteur du parapet du corridor, soit faict la banquette d'iceluy, & tiré la ligne S B, qui sera le glassis dudit parapet.

Or qui voudra trouuer la largeur du fossé V X selon vne profondeur donnée, comme pour exemple V T, que nous posons estre de 12 pieds, sera procedé à la supputa-tion de toutes les pieces qu'il faut esleuer au dessus de la campagne, comme il ensuit.

Premierement, le triangle A I G a les deux costez de l'angle droict cogneus, estant chacun de 15 pieds, & par-tant le contenu d'iceluy sera trouué de 112 pieds & demy, par ce que nous auons enseigné au 2. Chapitre du 3. Liure de nostre Geometrie pratique.

2. Le rectangle G I K H a les costez cogneus, sçauoir est G H de 66 pieds, & GI de 15; partant le contenu dudit rectangle G I K H sera trouué de 990 pieds par le premier Chap. du Liure susdit.

3. Le petit rectangle L o a les costez cogneus, car L M est de trois pieds, & L v d'vn pied & demy : parquoy le contenu d'iceluy sera trouué de quatre pieds & demy, suiuant ce qui est enseigné au 2. chap susdit de nostre Geo-metrie.

4. Le rectangle M P a aussi les costez cogneus, car M K est de 21 pieds, & K F de 5 : partant le contenu d'iceluy rectangle sera de 105 pieds.

5. Le petit triangle rectangle i R o a les costez de l'an-gle droict cogneus : car i o est d'vn pied, & o R de 4 : par-tant le contenu d'iceluy triangle sera trouué de 2 pieds $\frac{1}{4}$; & par consequent le contenu de toute la banquette, &

tallu du parapet sera ensemble de 6 pieds trois quarts, &
celuy du corridor autant.

6.   Le petit triangle R P *o* a les costez de l'angle droict

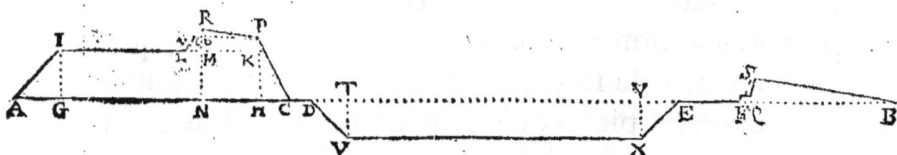

cogneus : car P O est de 21 pieds, & R *o* d'vn pied : partant
le contenu d'iceluy triangle est 10 ½.

7.   Le triangle rectangle HPC a aussi les costoz de l'angle droict cogneus, P H estant de 20 pieds, & H C de 9
pieds : parquoy le contenu d'iceluy triangle sera trouué
de 90 pieds.

Finablement le triangle rectangle Q S B a aussi les costez de l'angle droict cogneus : car Q B est de 45 pieds, &
Q S de 2 : & partant le contenu d'iceluy triangle sera 135
pieds.

Maintenant il faut adiouster ensemble toutes ces su-
perficies trouuées, & viendront 1456 pieds & demy, dont
il faut oster 144 pieds pour le contenu des deux triangles
D T V, X Y E, & resteront 1312 ½ pour le contenu du rectangle T V X Y, qu'il faut diuiser par la profondeur 12,
& viendront 109 pieds ⅛ pour la largeur du fossé V X ;
tellement qu'il deuroit estre bien plus large que nous ne
l'auons posé, autrement on ne pourroit auoir de la terre à
suffisance pour faire tous les ouurages specifiez au pro-
fil cy dessus, sinon qu'on voulut faire ledit fossé plus profond. Que si on vouloit que ladite largeur posée demeu-
ra, il

ra, il faudroit diuifer ledit nombre 1312 $\frac{1}{2}$ par icelle largeur 96, & viendroient treize pieds $\frac{48}{64}$ pour ladite profondeur.

Or fi on vouloit qu'il y euft vne fauffe braye à l'en-
tour de la place, le profile pourroit eftre comme on voit
en cefte autre figure, en laquelle ladite fauffe braye, ou
chemin des rondes, eft de 20 pieds, & fon parapet & ban-

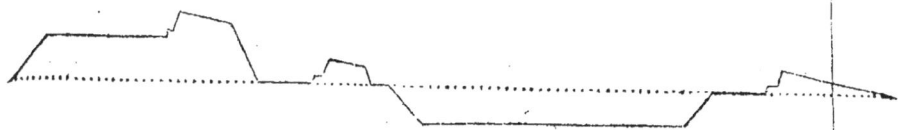

quette auffi de 20 pieds en largeur, & 6 en hauteur, re-
uenant à 4 par deuant, & 2 de tallu, finon que la quantité du terrouër en requit d'auantage : car à tous lefdicts
tallus, tant interieurs qu'exterieurs, on donne l'inclination
felon qu'eft le terrouër, & tant plus la terre eft maigre
& fablonneufe, iant plus on luy donne de pante pour empefcher le renuerfement defdits ouurages, qui paroiffent

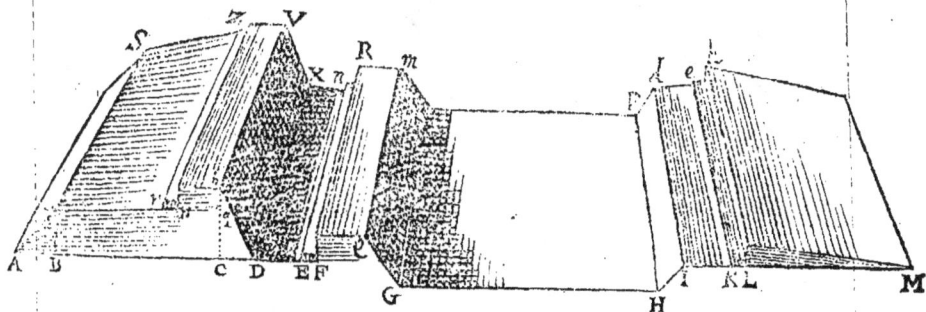

affez bien en cefte autre figure. Mais eft à noter qu'en ces

G

deux figures nous auons marqué la fauffe braye au plan de la campagne, comme a fait Marolois, laiffant toutesfois à iuger s'il feroit point meilleur de la faire au deffoubs d'iceluy plan, voire mefme auffi baffe que le font du foffé, és lieux où l'eau ne le peut empefcher.

Des pieces deftachées.

Es places d'importances, & efquelles il ne manque gens, viures, ny admonitions, on faict ordinairement des ouurages & pieces deftachées au dehors de la place, lefquelles on appelle demy lunes, rauelins, & cornes.

Les demy lunes, & les rauelins, font fouuent pris pour

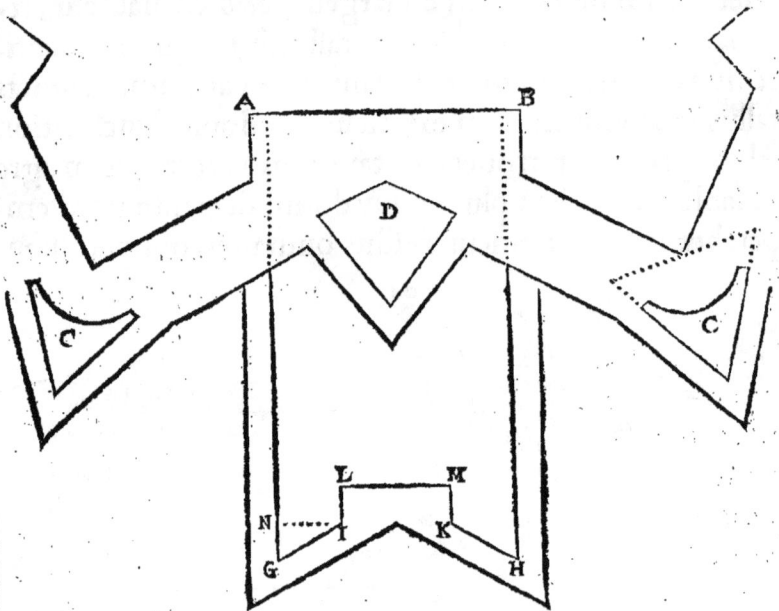

vne mefme piece, ainfi que nous auons dict au commencement de ce traicté ; mais selon ceux qui les distinguent, les demy lunes ne sont autre chose que des triangles equilateraux, qui sont ordinairement aux extremitez du fossé vis à vis des bastions, ayant chaque costé de 30 à 40 toises, comme sont en ceste figure les deux pieces C, qui prennent leurs deffences, tant de la courtine A B, que de la piece D. Or ces demy lunes sont faciles à construire, ny ayant qu'à tirer vne perpendiculaire à l'extremité de la ligne capitale du bastion, & sur icelle ligne perpendiculaire prise de telle grandeur qu'on iugera à propos, descrire vn triangle equilateral, des costez duquel seront prises les faces de la demy lune de 20 à 30 toises, comme il appert en la figure cy dessus.

Les rauelins sont certains bouleuers, qui sont vis à vis de l'angle flanquant de deux bastions, (comme la piece D en la figure cy dessus) à chasque face desquels on donne 25, 30, ou 40 toises ; & prennent ordinairement leurs deffences du flanc du bastion, & quelquesfois de la face, selon que le lieu permet d'ouurir l'angle flanqué du rauelin, qui ne doit estre moins de 60 degrez, ny plus grand que 90. Et d'autant que ces rauelins se font à discretion, & selon l'effect qu'on en veut tirer ; il est mal aisé de donner certains preceptes de leur construction, qui est toutesfois fort aisée, c'est pourquoy nous dirons seulement que si on vouloit construire vn rauelin, ayant l'angle flanqué donné, il faudroit adiouster la moitié d'iceluy angle proposé auec la moitié du flanquant de la place, & le produict estant osté de 180 degrez, faire sur la ligne de deffence razante, & au lieu d'icelle d'où l'on voudra que vienne la deffence du rauelin, vn angle egal au reste de la souftraction , tirant la ligne d'iceluy angle iufques à ce quelle rencontre vne autre ligne venant du centre de la place par l'angle flanquant d'icelle, lequel poinct de rencontre fera le lieu de la poincte du rauelin, & partant il fera aifé de l'acheuer , donnant à la face d'iceluy telle longueur que le lieu le permettra. Eft auffi à noter qu'on donue diuerfes formes à ces rauelins : car on les peut faire de forme triangulaire, tirant vn cofté parallel à la courtine, ou bien quadrangulaire , comme celuy de la figure fuiuante, ou bien de la figure pentagonale, y faifant des flancs tout ainfi qu'aux baftions entiers & parfaicts.

Quant aux cornes, qu'aucuns appellent auffi tenailles, & d'autres qu'eux d'erondelles, on leur donne telle mefure & longueur que l'on iuge eftre conuenable au temps & lieu où le trauail fe faict, & toutesfois elles ne fe doiuent eftendre fi loing qu'elles ne puiffent eftre deffendues du moufquet ; c'eft pourquoy la longueur d'icelles cornes ne fera guere plus de 120 toifes. Ces ouurages font les meilleurs qu'on puiffe faire en dehors , d'autant qu'on y peut faire plufieurs retranchemens, qui arreftent long temps l'ennemy. Ayant donc tiré deux lignes paralleles & perpendiculaires à la courtine A B à trois ou quatre toifes pres de l'efpaule, on doit donner à chacunes d'icelles lignes (lefquelles ne font pas toufiours paralleles & perpendiculaires à la courtine, mais vont quelquesfois en eflargiffant) enuiron 120 toifes, & à l'extremité d'icelles, faire les angles flanquez G & H, chacun de 60 degrez : en apres faites les pans ou faces GI, & HK, chacun de 20 toifes, puis les flancs I L, M K, chacun de 10 toifes ; & ayant tiré la courtine M L, pour trouuer la mefure d'icelle, confiderez le triangle rectangle G N I, qui a les angles cogneus, & le costé

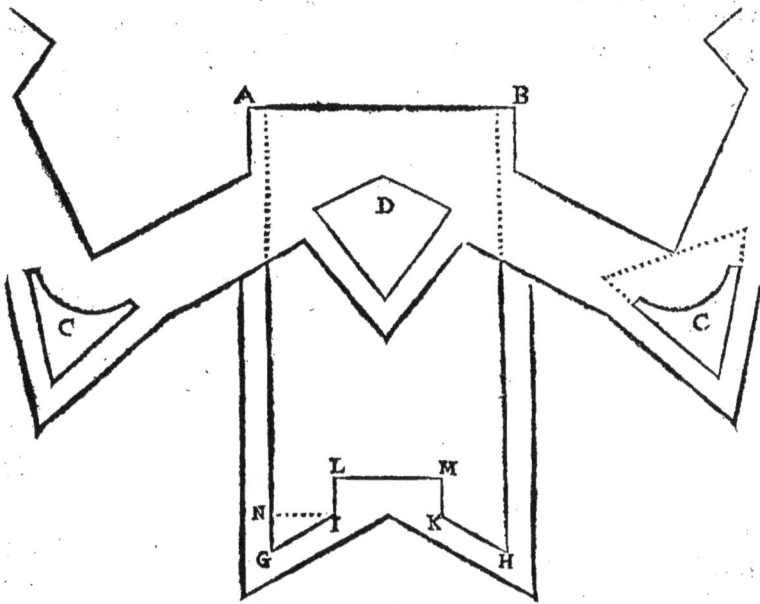

G I, tellement que le costé N I sera trouué, le double duquel estant soustraict de la distance des poincts G, H, restera ladite courtine L M.

Or toutes ces pieces destachées ont leurs ramparts large de 30 à 40 pieds, & haut de 6 pieds; les talus internes egaux à la hauteur, & les externes de la moitié; les parapets 16 ou 18 pieds de largeur, & 6 de hauteur, auec la banquette à l'ordinaire; le fossé profond de 8 ou 9 pieds, & large en sorte qu'on ait de la terre à suffisance: on peut aussi faire au dela dudit fossé vn chemin couuert de 16 à 20 pieds, auec son parapet en glassis d'enuirou 40 pieds de large, & haut de 6.

Voylà, amy Lecteur, ce que i'ay estimé te deuoir à present communiquer touchant la construction des fortifications vsitées aux pays bas ; si ie recognois que cest eschantillon te soit agreable , cela m'encouragera à rechercher les moyens te donner la piece entiere.

F I N.

BRIEFVE EXPL.

www.ingramcontent.com/pod-product-compliance
Lightning Source LLC
Chambersburg PA
CBHW050540210326
41520CB00012B/2656